Jörg Hurlin

Führungsstile: Formen, Effizienz und situationsgerechter Einsatz

GRIN Verlag

Bibliografische Information der Deutschen Nationalbibliothek:

Die Deutsche Bibliothek verzeichnet diese Publikation in der Deutschen National-
bibliografie; detaillierte bibliografische Daten sind im Internet über http://dnb.d-
nb.de/ abrufbar.

Impressum:

Copyright © 2007 GRIN Verlag GmbH
Druck und Bindung: Books on Demand GmbH, Norderstedt Germany
ISBN: 978-3-640-18247-3

Dieses Buch bei GRIN:

http://www.grin.com/de/e-book/115865/fuehrungsstile-formen-effizienz-und-
situationsgerechter-einsatz

GRIN - Your knowledge has value

Der GRIN Verlag publiziert seit 1998 wissenschaftliche Arbeiten von Studenten, Hochschullehrern und anderen Akademikern als eBook und gedrucktes Buch. Die Verlagswebsite www.grin.com ist die ideale Plattform zur Veröffentlichung von Hausarbeiten, Abschlussarbeiten, wissenschaftlichen Aufsätzen, Dissertationen und Fachbüchern.

Besuchen Sie uns im Internet:

http://www.grin.com/

http://www.facebook.com/grincom

http://www.twitter.com/grin_com

Jörg Hurlin

Führungsstile: Formen, Effizienz und situationsgerechter Einsatz

Hausarbeit im wissenschaftlichen Studiengang Agrarwissenschaften
an der Georg-August-Universität Göttingen,
Fakultät für Agrarwissenschaften

WS 2006/07

Studienrichtung: Agribusiness

Teilmodul: Personalmanagement

Angefertigt im: Institut für Agrarökonomie

Abgabetermin: 09.02.2007

Inhaltsverzeichnis

Abbildungsverzeichnis

1 Einleitung

Fast die gesamte Geschichte der Menschheit wird von dem Phänomen der Führung durchzogen. So beschäftigte sich bereits Seneca in der Antike mit der Führung von Arbeitern und Sklavengruppen (BERTHEL 1995: 59). Führen und Folgen ist in Situationen als Führungsgeschehen beobachtbar. Eine Situation ist die Summe momentaner Umstände, die bestimmend auf das Handeln von Individuen einwirkt (VEITH 2005: 8 f.). Grundsätzlich können Menschen ihr Verhalten in Situationen bestimmen, da sie mit Selbstbewusstheit, Vorstellungskraft, Gewissen und einem unabhängigen Willen ausgestattet sind (COVEY 1998: 71). Zwischen Reiz und Reaktion hat der Mensch die Freiheit zu wählen. Er besitzt die Fähigkeit zu lernen, was ausschließlich auf kognitiven Leistungen beruht (JOß ET AL. 1999: 240). Nach MALIK (2004: 21) liegt der Schüssel zu den Leistungen wirksamer Menschen in der *Art ihres Handelns*. Für ein wirksames Handeln gibt es grundlegende Prinzipien und Gewohnheiten, die erlernbar sind. Diese können sich als charakteristische Verhaltensmuster zeigen und stilprägend sein. Stil bedeutet in diesem Zusammenhang die Art der Handlungsdurchführung (BUßMANN 2002: 651). Um zu beschreiben, wie geführt wird, werden verschiedene unterschiedliche Beschreibungsformen genutzt. Der Führungsstil stellt eine solche Art der Beschreibung dar (JUNG 2006: 421).

Da die Mitarbeiterführung eines Unternehmens in den letzten Jahren im Vergleich zu anderen betrieblichen Produktionsfaktoren ständig an Bedeutung gewonnen hat (JUNG 2006: 410), zielt diese Arbeit darauf ab, einen Ausschnitt der klassischen Führungsstilmodelle der Literatur zu beleuchten. Die Ausarbeitung folgt den historischen Entwicklungslinien der Führungsstilforschung, sodass eine systematische Erweiterung der Perspektive vorgenommen wird. Die Betrachtung beginnt mit traditionellen Ansätzen und geht von der Führungsperson über das Verhalten in Bezug auf den Mitarbeiter, über die Einbindung der Situation, in welcher solches Führungsverhalten stattfindet, bis hin zur Betrachtung von Führung im komplexen organisationalen Kontext. Dabei wird gesondert auf die Effizienz von Führungsstilen und hierbei vor allem auf Probleme der Bestimmung von Effizienz eingegangen. Der Beitrag schließt mit einer Zusammenfassung wesentlicher Inhalte und Ergebnisse.

Die vielfältige Literatur ermöglicht einen umfassenden Einblick in die Thematik. Wesentliche Aussagen der Führungsstilforschung werden deutlich gemacht und sollen zum Verständnis des heutigen Führungsdenkens beitragen.

2 Formen der Verhaltensbeeinflussung von Mitarbeitern

Abhängig von der Position im Hierarchiegefüge eines Unternehmens hat der Einzelne in gewissem Umfang Einflussmöglichkeiten auf das betriebliche Geschehen. Macht und Autorität sind grundlegende Voraussetzungen, um auf Mitarbeiter Einfluss zu nehmen bzw. ihr Verhalten zu lenken und zu kontrollieren (JUNG 2006: 411). Nachdem im Folgenden begriffliche Abgrenzungen getroffen werden, wird auf die Entwicklung von traditionellen Führungsstilen und auf einzelne Führungsstile des Verhaltensansatzes näher eingegangen.

2.1 Der Begriff Führungsstil

Der Versuch Führung zu beschreiben, zu erfassen und abzugrenzen, erweist sich als relativ schwierig. Allein in der Grundlegung wird der Begriff der Führung in der Literatur von weit über 1000 deutschsprachigen Autoren in endloser Vielfalt und Vielzahl definiert und kontrovers diskutiert (STEINLE 1995: 524). Überwiegend wird Führung dabei als eine ziel- und ergebnisorientierte, d. h. bewusste Verhaltensbeeinflussung mit Hilfe von Kommunikation definiert (HOPFENBECK 2002: 381). Das Ziel jeder Führung von Personal in einem Unternehmen ist der Führungserfolg, der in einer Optimierung der ökonomischen Effizienz (Arbeitsleistung) und der sozialen Effizienz (Arbeitzufriedenheit) besteht (JUNG 2006: 415).

Als Führungsstil wird die Art und Weise bezeichnet, wie sich Führungskräfte verhalten, d. h. ihre Führungsfunktionen ausüben. Es handelt sich dabei um ein zeitlich überdauerndes und in Bezug auf bestimmte Situationen konsistentes Verhaltensmuster gegenüber Mitarbeitern (BERTHEL; BECKER 2003: 65). Unterschiedliche Führungsstile drücken sich demzufolge in einem unterschiedlichen Kooperationsverhältnis zwischen Untergebenen und Vorgesetzten aus (JUNG 2006: 421). Hieraus wird deutlich, dass der Führungsstil ein situationsbeständiges Führungsverhalten beschreibt, das durch eine persönliche Grundeinstellung (Philosophie, Ideologie) gegenüber den Mitarbeitern geprägt ist (STAEHLE 1999: 334).

Es ist jedoch festzuhalten, dass es keine allgemeingültige Definition des Begriffes Führungsstil gibt. Es handelt es sich hier vielmehr um ein umfassendes, vieldimensionales Phänomen, welches von dem jeweils benutzten führungstheoretischen Ansatz geprägt ist (JUNG 2006: 422). Dies intendiert im Folgenden die nähere Betrachtung von Führungsstiltheorien.

2.2 Entwicklung von Führungsstilen

Um einen Einblick in die Führungsstilforschung zu bekommen, wird auf einige Ansätze und ihre eingesetzten Methoden kurz eingegangen. Die Darstellung schließt sowohl traditionelle Führungsstile wie auch verhaltensorientierte Führungsstilmodelle ein und spiegelt somit den ersten Verlauf der Führungsstilforschung wider.

2.2.1 Traditionelle, idealtypische Führungsstile

In Anlehnung an Max Webers Herrschaftsformen (legal, traditionell, charismatisch) können vier Formen der traditionellen, idealtypischen Führungsstile unterschieden werden (BERTHEL; BECKER 2003: 66). Diese Typologien gelten heute als weitgehend überholt, werden aber aufgrund ihrer immer noch praktischen Relevanz kurz vorgestellt.

Der **patriarchalische Führungsstil** ist geprägt durch einen absoluten Alleinherrscheranspruch der Leitfigur und der Anerkennung durch seine Gefolgten (WÖHE 1993: 133). Der Patriarch hat eine Treue- und Versorgungspflicht gegenüber den Geführten, die sich umgekehrt zu folgsamer Treue und Unterordnung verpflichten. Elemente dieses Führungsstils sind noch am deutlichsten in Klein- und Mittelbetrieben vorhanden (STAEHLE 1999: 335). Auch der **autokratische Führungsstil** setzt einen alleinigen Entscheidungsträger bei strikter Trennung von Entscheidungs- und Durchführungsaufgaben voraus. Zur Durchsetzung seiner Entscheidungen bedient er sich eines hierarchisch gestaffelten Führungsapparates mit exakt geregelten Kompetenz- und Kontrollbereichen. Das hohe Maß an strukturierenden und disziplinierenden Elementen ermöglicht die Führung von großen Organisationen (BERTHEL; BECKER 2003: 65). Aus der autokratischen Führung entwickelte sich der **bürokratische Führungsstil**, bei dem der alles beherrschende Führer abgeschafft und vielmehr die Institution die zentrale Größe darstellt. Die Führung ist durch genau abgegrenzte Kompetenzen und exakte Stellenbefugnisse in eine Hierarchie eingeflochten. Die Kontrolle ist ein Hauptelement dieses Führungsstils, durch die vor allem Kompetenzüberschreitungen durch eine extreme Form von Strukturierung und Reglementierung organisatorischer Verhaltensweisen vermieden werden sollen. Aufgrund der Starrheit des Systems und Überreglementierung hat dieser Führungsstil in der Praxis wenig Verbreitung gefunden (JUNG 2006: 423). Beim **charismatischen Führungsstil** liegt ein absoluter Herrschaftsanspruch des Führers vor, welcher durch seine besondere Persönlichkeit und seine Einmaligkeit begründet ist. Der Stil ist gekennzeichnet durch die Ausstrahlung des Führers in Verbindung mit seinen Führungseigenschaften (BERTHEL 1995: 65).

2.2.2 Führungsstile des Verhaltensansatzes

Der weit verbreitete verhaltensorientierte Ansatz zur Klassifikation von Führungsstilen geht auf TANNENBAUM und SCHMIDT (1958) zurück. Mit diesem Konzept kann einerseits der Führungsstil als situationsübergreifende Rahmenbedingung ermittelt und anderseits eine situationsgerechte Führung erzielt werden (ANDREÄ ET. AL. 2002: 167). Hierbei werden zum einen der **autoritäre** Führungsstil und zum anderen der **kooperative** Führungsstil als Extrempunkte in einem eindimensionalen Kontinuum dargestellt (JUNG 2006: 423). Zwischen den beiden Extremen eines rein aufgabenbezogenen Führungsstils (autoritär), welcher den Untergebenen keine Beteiligung an Entscheidungen zugesteht, und einem Führungsstil, welcher dafür sorgt, dass Mitarbeiter ihre Ressourcen voll ausschöpfen können und diesen die Entscheidungen weitgehend überlässt (partizipativ), können weitere Zwischenschritte beschrieben werden (STEIGER; LIPPMANN 1999: 52). Neben dem autoritären und dem kooperativen Führungsstil unterscheidet man noch den **laissezfairen** Führungsstil, bei dem der Führende nicht in den Handlungsprozess der Gruppe eingreift. Völlige Aktionsfreiheit wird gewährleistet, sodass Ziele, Entscheidungen und Interaktionsbeziehungen durch die Gruppe selbst bestimmt werden (BERTHEL 1995: 70).

Durch das eindimensionale Kontinuum wird eine weitere Systematisierung der Führungsstile vorgenommen, welche jedoch aufgrund der Vereinfachung der Realität nur auf idealtypische Führungsstilformen hinweist (SCHOLZ 2000: 923). Die Berücksichtigung der Entscheidungspartizipation als einziger unabhängiger Aspekt des Führungsverhaltens, ist demnach durch weitere Determinanten wie die Charakteristika der Vorgesetzten und der Mitarbeiter sowie der jeweiligen Situation zu ergänzen, um eine situationsgerechte Führung zu erreichen (ANDREÄ ET AL. 2002: 167). In der folgenden Abbildung werden die vorgestellten Führungsstile schematisch dargestellt und anhand einiger Merkmale charakterisiert.

Abbildung 1: Führungsstile des Verhaltensansatzes

autoritär	kooperativ	
	gruppenorientiert	laissez faire
diktatorisch patriarchalisch	beratend konsultativ	partizipativ delegativ

V   V

M   M   M   M   M   M   V = M   V = M

V = Vorgesetzter; M = Mitarbeiter

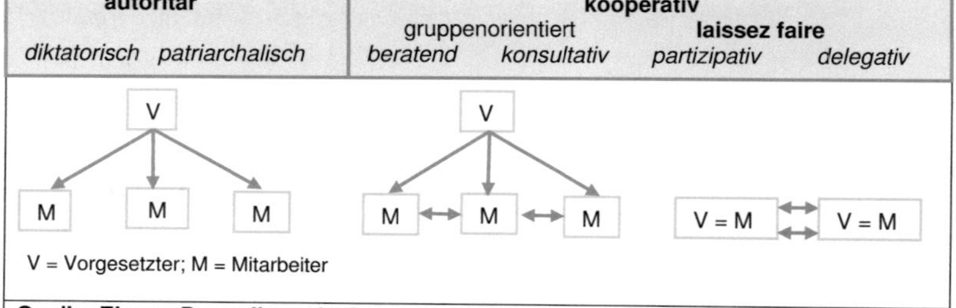

Quelle: Eigene Darstellung, in Anlehnung an DOLUSCHITZ (2000: 15)

Die Erweiterung der Diskussion über den optimalen Führungsstil bilden die so genannten Ohio-Studien, die sich von der Grundannahme eines eindimensionalen Kontinuums lösen und zwei unabhängige Dimensionen des Führungsverhaltens als Schwerpunkt annehmen. Die Dimensionen des Führungsverhaltens gliedern sich zum einen in die **Aufgabenorientierung** (z. B. Zielvorgaben, Zuweisung und Strukturierung der Aufgaben der Untergebenen) und zum anderen in die **Mitarbeiterorientierung**, welche sich z. B. durch Verständnis, Anteilnahme und Sympathie für den Untergebenen auszeichnet (EISENFÜHR; THEUVSEN 2004: 73 f.). So kann ein Vorgesetzter beide Faktoren in seinem Führungsverhalten berücksichtigen und muss nicht die eine Dimension auf Kosten der anderen reduzieren (BERTHEL 1995: 72). Der erfolgreiche Führer weist demnach hohe Ausprägungen in beiden Dimensionen auf (STAEHLE 1999: 343). Aufgrund dieser zweidimensionalen Studie werden zwei fundamentale Führungsstilkategorien offengelegt, die im Folgenden kurz erörtert werden.

Mitarbeiter- bzw. beziehungsorientierter Führungsstil
Bei diesem Stil steht die zwischenmenschliche Beziehung bei der Aufgabenerfüllung im Vordergrund. Gegenseitiges Vertrauen, Respekt, Zugänglichkeit und Rücksichtnahme sind zentrale Elemente dieses Führungsverhaltens. Jedoch bedeutet dies nicht, dass Anweisungs- und Kontrollbefugnis aufgehoben werden (JUNG 2006: 425). Die sich ergebende Vermutung, dass die Mitarbeiterorientierung des Vorgesetzten die Produktivität der Untergebenen fördert, wird jedoch durch Studien nicht ausreichend gestützt (EISENFÜHR; THEUVSEN 2004: 74).

Leistungs- bzw. aufgabenorientierter Führungsstil
In diesem Fall fördern die Verhaltensweisen und Aktivitäten der Vorgesetzten unmittelbar den Produktionsprozess. Der Vorgesetzte besteht auf Leistungserbringung bei der Aufgabenerfüllung und erwartet von seinen Mitarbeitern, dass sie seine Ziele, Aufgabenverteilung, Durchführungs- und Kontrollmethoden akzeptieren und unterstützen (ANDREÄ ET AL. 2002: 168). Der Mitarbeiter gilt hierbei nur als Mittel zur Erreichung der Organisationsziele (STAEHLE 1999: 344).

Trotz aller Einwendungen und Kritik, die vor allem auf die Unabhängigkeit der Verhaltensdimensionen und methodische Schwächen der Untersuchungen gerichtet sind, wird angenommen, dass es sich bei den Ergebnissen um elementare Führungsverhaltens-Kategorien handelt (BERTHEL 1995: 73).

3 Effizienz der Führungsstile

Bevor weitere Entwicklungslinien der Führungsforschung vorgestellt werden, ist auf die Frage nach der Effizienz von Führungsstilen und die Messung dieser einzugehen. Diese wird nachfolgend anhand des Situationsansatzes konkretisiert.

Effizienz als Maßgröße für wirtschaftliche Zielerreichung (Output-Input Relation), kann sowohl auf führende als auch auf ausführende Tätigkeiten bezogen werden (WITTE 1995: 265). Beim Untersuchen von Effizienz der Führung stellt sich das Problem, dass Kriterien und Maßstäbe definiert werden müssen, durch die sich effiziente von ineffizienter Führung in ihren Folgen unterscheidet (BERTEL 1995: 60). WITTE (1995: 266) unterscheidet hierbei zwei grundsätzlich verschiedene Gegebenheiten: die *Effizienz der Leistung* (wirtschaftlich) und die *Effizienz der Person* (sozial-psychologisch). Zum Erfassen der Leistungseffizienz kann die Effizienz des Leistungsprozesses (z. B. Dauer, Kosten) und des Leistungsergebnisses (z. B. Produkt, Output) gemessen werden (BERTHEL 1995: 60 f.). Bei der Personaleffizienz hingegen liegt die Betrachtung auf der Wirksamkeit einer einzelnen Führungskraft oder einer gemeinsamen Gruppe (WITTE 1995: 265). Als zentrale Bestimmungsgrößen sind z. B. Arbeitszufriedenheit, Vertrauen, etc. zu nennen. Aufgrund der Komplexität bei der Erfassung von sozialen Phänomenen und dem Versuch, den Input „Führung" einem irgendwie geformten „Erfolg" als Output gegenüberzustellen, ergaben sich in Forschung und Praxis Grundprobleme bei der Bestimmung von Führungseffizienz (BERTHEL 1995: 62).

3.1 Probleme bei der Bestimmung der Führungseffizienz

Die angedeuteten Probleme äußern sich durch die Auswahl geeigneter Kriterien zur Erhebung von Führungseffizienz. Dabei stellt sich die Frage, inwieweit wirtschaftliche und sozial-psychologische Führungseffizienz gleichermaßen angestrebt werden sollten? Das heute dominierende Führungsverständnis drückt eine unbedingte Notwendigkeit der Integration dieser beiden Zielbereiche aus (BERTHEL 1995: 60).

Ein weiteres Problem ergibt sich aus der Zurechnungsproblematik. Auf der empirischen Ebene hat es sich als außerordentlich schwierig erwiesen, den Zusammenhang zwischen Führung und Führungserfolg aufzuzeigen. Der Hauptgrund liegt darin, dass die den Führungserfolg erfassenden Kriterien i. d. R. nicht monokausal bedingt sind. Eine eindeutige Zuordnung bestimmter Führungsfolgen zu einem bestimmten Führungsverhalten ist somit nur durch völlige Vernachlässigung aller anderen beeinflussenden Faktoren möglich, was einer völlig verfremdeten Sichtweise der betrieblichen Praxis entsprechen würde (BERTHEL 1995: 63 f.).

3.2 Effizienzbetrachtungen anhand des Situationsansatzes

Wenn die Betrachtung der Zusammenhänge zwischen Effizienz und Führung auf weitere Einflussfaktoren erweitert wird, kommt der Variablen „Situation" eine Bedeutung zu (WITTE 1995: 269). So setzt sich auch in der Führungsstilforschung zunehmend die Auffassung durch, dass die Wirkung des Führungsstils ganz wesentlich von der jeweiligen Situation abhängt (SCHREYÖGG 1995: 994). Die Situationsabhängigkeit der Führungswirkung wird in der Situationstheorie durch verschiedene Ansätze konzeptionalisiert. Exemplarisch wird ansatzweise auf das Kontingenzmodell von FIEDLER (1967) eingegangen, welches den Einfluss verschiedener Situationsvariablen auf die Beziehung zwischen Führungsverhalten und effizientem Gruppenverhalten untersucht. Grundsätzlich geht FIEDLER (1967) davon aus, dass der *Führungserfolg* von zwei Faktoren, dem gewählten Führungsstil und der „Günstigkeit der Situation", abhängt. Das Zusammenpassen der beiden Faktoren ist für den Führungserfolg entscheidend (JUNG 2006: 436 f.). FIEDLER (1967) misst in seinem Modell die *Führungssituation* in drei Dimensionen: die Führer-Mitarbeiter-Beziehung, die Aufgabenstruktur und die Positionsmacht. Durch die Kombination dieser drei Dimensionen ergeben sich unterschiedliche Führungssituationen (SCHOLZ 2000: 924 f.). Die *Effizienz* eines Führungsstils wird an der Leistung der Gruppe im Hinblick auf die Aufgabenstellung und an der Zufriedenheit der einzelnen Gruppenmitglieder gemessen. Zur Bestimmung des Führungsverhaltens definierte FIEDLER (1967) den LPC (last preferred co-worker)-Wert (WITTE 1995: 269). Ein hoher LPC-Wert besagt, dass ein Vorgesetzter seinen am wenigsten geschätzten Mitarbeiter relativ wohlwollend beschreibt. Das wird als Indikator für einen mitarbeiterorientierten Führungsstil betrachtet. Der niedrige LPC-Wert soll einen aufgabenbezogenen Führungsstil anzeigen (JUNG 2006: 437). Der dargestellte Zusammenhang wird in Anhang A durch eine Abbildung ersichtlich.

Als Resultat dieser Studie ist festzuhalten, dass leistungsorientiertes Führungsverhalten sowohl in sehr günstigen als auch in sehr ungünstigen Situationen zur höchsten Effizienz führt. Zwischen diesen Extremsituationen erbringt in allen Studien das mitarbeiterorientierte Führungsverhalten die höchste Effizienz (FIEDLER; MAI-DALTON 1995: 946). Da die Grundvoraussetzung dieser Theorie von anderen Forschern bereits kontrovers diskutiert und in Frage gestellt wurde, gewinnt dieses Modell insofern Bedeutung für die Praxis, weil es besondere Aufmerksamkeit auf die situativen Bedingungen im Führungsprozess legt und die Bedeutung der Interaktion zwischen Führer und Geführten besonders herausstellt (JUNG 2006: 438).

4 Gestaltung der Rahmenbedingungen von Führungssituationen

Durch den Situationsansatz wurde das Führungsverständnis wesentlich erweitert, jedoch kann nach heutiger Perspektive der „richtige Führungsstil" nicht mehr instrumentell bestimmt und eingesetzt werden, um Führungserfolg zu erzeugen. Ein der Situation angemessener Führungsstil ist vielmehr das Ergebnis komplexer Voraussetzungen und Einflüsse (STEIGER; LIPPMANN 1999: 54). Aus diesem Grunde hat die Führungsstilforschung nach dem heutigen Verständnis nur noch historische Bedeutung und wird durch den so genannten Systemansatz abgelöst (ebenda 1999: 54), auf den im Weiteren eingegangen wird.

4.1 Paradigmenwechsel im Führungsdenken

Führung bedeutet unter Betrachtung des Systemansatzes nicht mehr das Erzeugen eines gewünschten Verhaltens bei den Geführten durch das Einsetzen von Führungsinstrumenten. Vielmehr steht die Gestaltung optimaler Rahmenbedingungen im Vordergrund, unter welchen Mitarbeiterinnen und Mitarbeiter ihre Aufgaben selbstorganisatorisch und selbstverantwortlich wahrnehmen können (STEIGER; LIPPMANN 1999: 55). Es geht im Wesentlichen darum, ein System zu lenken, wobei sich diese Aufgabe je nach Struktur und Wirksamkeit des Systems unterschiedlich darstellt. Gestaltung und Lenkung von komplexen, dynamischen Systemen ist somit eine der wichtigsten Gestaltungsaufgaben von Führern (MALIK 2003: 25). In dieser systemischen Betrachtung ist ein beobachteter Führungsstil das Resultat komplexer Voraussetzungen zur Erbringung einer „umweltverträglichen" Führungsleistung (STEIGER; LIPPMANN 1999: 66). Es lassen sich bei verschiedenen Führungsrollensystemen unterschiedliche Führungsstile feststellen. So mag beispielsweise in einem Gefängnis ein autoritärer, rigider, wenig Spielräume bietender Führungsstil Ausdruck von hohen Sicherheitsanforderungen sein. In einem Behindertenheim, in welchem das Aufgabenverständnis durch die Beziehungs- und Entwicklungsbedürfnisse der Patienten bestimmt wird, ist möglicherweise auch die Führung der Betreuerinnen und Betreuer von einem solchen Beziehungs- und Entwicklungsgedanken geprägt.

Der beobachtete Führungsstil ist vielmehr Bedingung und Ergebnis des systemdynamischen Dreiklangs von Aufgabe, Struktur und Kultur. Im Unterschied zur klassischen Führungsstilforschung ist der Führungsstil damit nicht mehr die Anleitung zur Erzeugung von Führungserfolg (STEIGER; LIPPMANN 1999: 66). Weitere Ansätze der Systemtheorie sehen den Führungsstil zum Erreichen von Führungserfolg als etwas nicht mehr so „Wichtiges" an. Dies wird dadurch begründet, dass es außer in künstlichen Experimentsituationen keinen Zusammenhang zwischen Führungsstil und Ergebnissen gibt (MALIK 2000: 141 f.).

4.2 Führungsverhalten des Systemansatzes

Eine grundsätzliche Entwicklungstendenz, die hieraus folgen kann, ist der Codex der Zusammenarbeit von Führungskräften und Mitarbeitern. Beides lässt sich durch eine kooperativ-delegative Führung vereinbaren. Maßgeblich ist hier die Einbindung der Mitarbeiter in Entscheidungsprozesse und Entwicklungen des Unternehmens als Ganzes. Alle in diesem komplexen System ablaufenden dynamischen Prozesse werden steuerbar, wenn jeder Mitarbeiter die Ziele des gesamten Unternehmens kennt und sie auch als seine akzeptiert und integriert (HAUER ET AL. 2002: 131 f.).

Für den praktischen Führungsalltag bedeutet das, immer wieder in Mitarbeitergesprächen die Zielsetzung der Organisation herauszustellen und den Beitrag des Individuums als wichtiges Element für das Ganze herauszuheben. Damit die Rolle des Einzelnen und sein Beitrag zum Ganzen große Wertschätzung erfährt, sind Lob und Anerkennung der Leistung des Mitarbeiters unabdingbar (ebenda 2002: 131).

Gegenseitiges Vertrauen zwischen Führer und Geführten wird zu dem nahezu einzigen und essentiellen Bestandteil erfolgreicher Führung erhoben (MALIK 2000: 135). Führung kann nie nachhaltig erfolgreich sein, wenn kein gegenseitiges Vertrauen gegeben ist (HAUER ET AL. 2002: 133). Neben dem Aufbau einer vertrauensvollen Umgebung ist die Entwicklungsfähigkeit des Einzelnen ein weiterer zentraler Faktor des Führungserfolgs. Ziel aller auf Entwicklung gerichteten Aktivität nachhaltiger, erfolgreicher Führungsarbeit ist das Menschenbild, welches die Führungskraft darstellt. Führen im Sinne von „Entwickeln" heißt, den Mitarbeiter als Menschen zu verstehen und seine Eigenarten, Stärken, Schwächen und Fehler zu erkennen (HAUER ET AL. 2002: 134). Eine einfache Forderung, die in realen Situationen oft schwierig zu erfüllen ist.

5 Zusammenfassung

Die vorliegende Arbeit zielt darauf ab, verschiedene Formen, die Effizienz und den situationsgerechten Einsatz von Führungsstilen darzustellen und anhand von ausgewählten Theorieansätzen der historischen Entwicklung der Führungsstilforschung zu verdeutlichen. Die Komplexität der Thematik offenbart sich bereits bei der Bestimmung des Begriffes Führungsstil und wird durch die Darstellung der Weiterentwicklung der einzelnen Führungsstile offensichtlich.

In der Typologie der traditionellen Führungsstile wird ansatzweise die angeborene Eigenschaft des Führenden für die Effektivität in den Vordergrund gestellt, sodass in der weiteren Betrachtung auf die Verhaltensweisen der Führungskraft eingegangen wird. Aber die angeborenen Eigenschaften eines Führenden verknüpft mit einem in wissenschaftlichen Lehrbüchern nicht auffindbaren „optimalen Führungsstil", bestimmen jedoch bei weitem nicht allein den Führungserfolg. Deshalb wurde die Beobachtung des Objektfeldes nach und nach auf Faktoren wie Mitarbeiterverhalten, Aufgabenorientierung, Situationsbezug und deren Interdependenzen ausgedehnt.

Das führte zu der heute noch vorherrschenden situativen Betrachtung (EISENFÜHR; THEUVSEN 2004: 73 f.), die die Situationsabhängigkeit der Führungswirkungen betont. Das als Beispiel kurz beschriebene Kontingenzmodell von FIEDLER (1967) ergab, dass der Führungserfolg vom Zusammenspiel des gewählten Führungsstils und der „Günstigkeit der Situation" entscheidend abhängt. Die Folgen effizienter oder ineffizienter Führung können anhand der beiden Gegebenheiten: Effizienz der Leistung und Effizienz der Person ermittelt werden. Allerdings ist die Messung von Personaleffizienz mit Bestimmungsgrößen wie Arbeitszufriedenheit und Vertrauen schwer zu bewältigen. Der Gedanke, dass der Führende den zur günstigen Situation passenden Stil wählt, und dann sich der Erfolg einstellt, ist wohl doch zu schlicht, um der Realität zu genügen. Deshalb ist in jüngerer Zeit eine perspektivische Hinwendung im Führungsdenken zu erkennen, das mehr auf Gestaltung der situativen Rahmenbedingungen für das Handeln der Mitarbeiter Wert legt und das dadurch mehr indirekt das Verhalten der Mitarbeiter beeinflussen will. Das Lenken und Gestalten von komplexen, dynamischen Systemen tritt somit in den Vordergrund und wird zum Hauptaufgabenfeld der Führungskraft (MALIK 2003: 25).

Trotz dessen hat keine der jeweils älteren Entwicklungslinien an Bedeutung ganz verloren. Sie haben bis heute sowohl in der Forschung als auch in den Hinterköpfen von Managern als implizite oder explizite Alltagstheorie tiefgreifend überlebt (STEIGER; LIPPMANN 1999: 48).

Literaturverzeichnis

ANDREÄ, K.; BRODERSEN, C.; KÜHL R. (2002): Führungsverhalten beziehungsweise Führungsstile in Agrarunternehmen, in: Agrarwirtschaft, Bd. 51, H. 3, S. 164-173.

BERTHEL, J.; BECKER, F. G. (2003): Personal-Management, 7. Auflage, Stuttgart.

BERTHEL, J. (1995): Personal-Management, 4. Auflage, Stuttgart.

BUßMANN, H. (2002): Lexikon der Sprachwissenschaft, 3. Auflage, Stuttgart.

COVEY, S. R. (1998): Die sieben Wege zur Effektivität, 8. Auflage, Frankfurt/Main.

DOLUSCHITZ, R. (2000): Führung und Motivation von Mitarbeitern, in: Neue Landwirtschaft, H. 7, S. 14-19.

EISENFÜHR, F.; THEUVSEN, L. (2004): Einführung in die Betriebswirtschaftslehre, 4. Auflage, Stuttgart.

FIEDLER, F. E.; MAI-DALTON, R. (1995): Führungstheorien-Kontingenztheorie, in: KIESER, A.; REBER, G.; WUNDERER, R.: Handwörterbuch der Führung, 2. Auflage, Stuttgart, S. 940-952.

HAUER, G.; SCHÜLLER, A.; STRASMANN, J. (2002): Kompetentes Human Resources Management, 1. Auflage, Wiesbaden.

HOPFENBECK, W. (2002): Allgemeine Betriebswirtschaft- und Managementlehre: das Unternehmen im Spannungsfeld zwischen ökonomischen, sozialen und ökologischen Interessen, 14. Auflage, München.

JOß, J. (1999): Physiologie, 3. Auflage, München.

Jung, H. (2006): Personalwirtschaft, 7. Auflage, München.

MALIK, F. (2003): Strategie des Managements komplexer Systeme, 8. Auflage, St. Gallen.

MALIK, F. (2000): Führen, Leisten, Leben, 9. Auflage, München.

SCHOLZ, C. (2000): Personalmanagement, 5. Auflage, München.

SCHREYÖGG, G. (1995): Führungstheorien – Situationstheorie, in: KIESER, A.; REBER, G.; WUNDERER, R.: Handwörterbuch der Führung, 2. Auflage, Stuttgart, S. 933-1004.

STAEHLE, W. H. (1999): Management: eine verhaltenswissenschaftliche Perspektive, 8. Auflage, München.

STEIGER, T.; LIPPMANN, E. (1999): Handbuch angewandte Psychologie für Führungskräfte, Band 1, Zürich.

STEINLE C. (1995): Führungsdefinitionen, in: KIESER, A.; REBER, G.; WUNDERER, R.: Handwörterbuch der Führung, 2.Auflage, Stuttgart, S. 523-533.

VEITH, W. (2005): Soziolinguistik, 2. Auflage, Tübingen.

WITTE, E. (1995): Effizienz der Führung, in: KIESER, A.; REBER, G.; WUNDERER, R.: Handwörterbuch der Führung, 2. Auflage, Stuttgart, S. 264-523.

WÖHE, G. (1993): Einführung in die allgemeine Betriebswirtschaftslehre, 18. Auflage, München.

Anhang

A. Kontingenzmodell der Führung

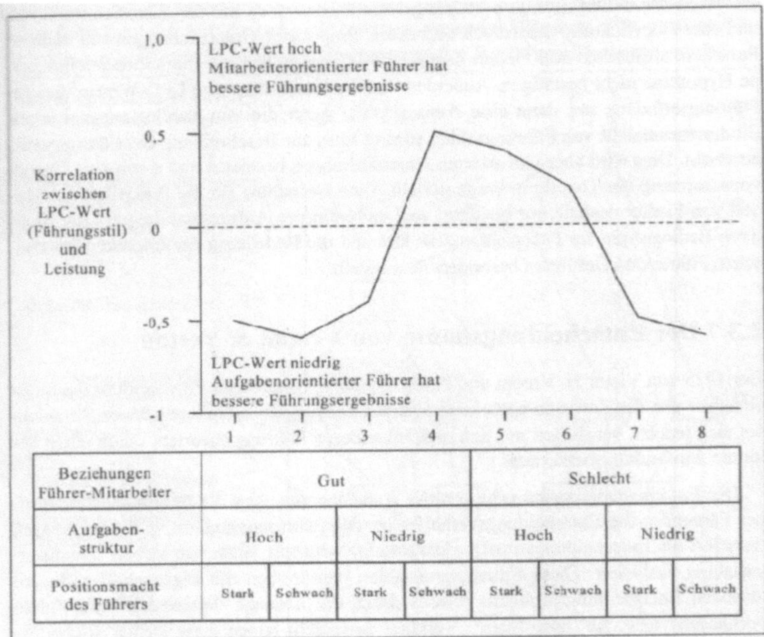

Quelle: JUNG (2006: 437)